BEI GRIN MACHT SICH IHR WISSEN BEZAHLT

- Wir veröffentlichen Ihre Hausarbeit,
  Bachelor- und Masterarbeit

- Ihr eigenes eBook und Buch -
  weltweit in allen wichtigen Shops

- Verdienen Sie an jedem Verkauf

Jetzt bei www.GRIN.com hochladen
und kostenlos publizieren

Grundlagen der Werkstoffkunde

Laborbericht

Andrej Mironov

Bibliografische Information der Deutschen Nationalbibliothek:

Die Deutsche Nationalbibliothek verzeichnet diese Publikation in der Deutschen Nationalbibliografie; detaillierte bibliografische Daten sind im Internet über http://dnb.d-nb.de abrufbar.

ISBN: 9783346313584
Dieses Buch ist auch als E-Book erhältlich.

© GRIN Publishing GmbH
Nymphenburger Straße 86
80636 München

Alle Rechte vorbehalten

Druck und Bindung: Books on Demand GmbH, Norderstedt Germany
Gedruckt auf säurefreiem Papier aus verantwortungsvollen Quellen

Das vorliegende Werk wurde sorgfältig erarbeitet. Dennoch übernehmen Autoren und Verlag für die Richtigkeit von Angaben, Hinweisen, Links und Ratschlägen sowie eventuelle Druckfehler keine Haftung.

Das Buch bei GRIN: https://www.grin.com/document/964186

Laborbericht

Assignment/Laborbericht aus dem WST03 Labor
von 21. und 22. August an der FH Wedel

Andrej Mironov

17. September 2017

Inhaltsverzeichnis

Abbildungsverzeichnis

Tabellenverzeichnis

1 Einleitung

Ziel des Laborversuchs ist die erlernten theoretischen Grundlagen zur Werkstoffprüfung praktisch durchzuführen. Laborversuche sollen helfen, die Zusammenhänge besser zu verstehen. Die verschiedenen Einflussfaktoren die Möglicherweise zur verfälschten Messergebnissen führen, sollen betrachtet werden.

Zu jedem einzelnen Laborversuch werden kurz die Grundlagen erklärt, danach wird der Versuchsaufbau und die Versuchsdurchführung beschrieben. Anschließend werden die Ergebnisse ausgewertet. Alle Messergebnisse müssen nachvollziehbar und reproduzierbar sein.

2 Zugversuch

2.1 Grundlagen

Der Zugversuch gehört zu den wichtigsten Werkstoffprüfungen. Durch den Zugversuch werden die grundlegende Werkstoffeigenschaften wie Streckgrenze, Zugfestigkeit und Bruchdehnung ermittelt. Im Zugversuch werden die Proben in die Prüfmaschine eingespannt und mit der konstanten Geschwindigkeit bis zum Bruch gedehnt. Die Dehnung der Probe wird mit Feindehnungsmesser gemessen (s. Abbildung 4).

Beim Versuch wird das Paar Kraft-Dehnung kontinuierlich eingezeichnet, dabei wird die Spannung mit der Querschnittfläche der unbelasteten Probe berechnet. Es entsteht ein Spannung-Dehnung-Diagramm. (s. Abbildung 1)

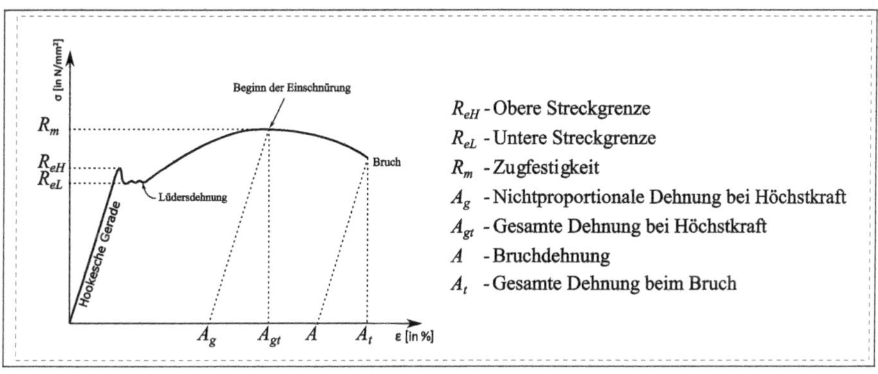

Abb. 1: Spannung-Dehnung-Diagramm mit ausgeprägter Streckgrenze

Wird die Probe gedehnt, beginnt sie sich elastisch zu verformen. Änderung der Länge ist dabei proportional zu der Spannung. Dieser proportionale Bereich ist im Diagramm als gerade Linie erkennbar. Diese Linie wird auch als Hookesche Gerade bezeichnet. Am Ende der elastischen Verformung (Am Punkt R_{eH}) setzt die plastische Verformung schlagartig mit deutlich erkennbarem Kraftabfall (Am Punkt R_{eL}) ein. Im weiteren Verlauf des Zugversuchs bleibt die Kraft mit kleinen Schwankungen konstant (Lüdersdehnung[1]).

Nach der Lüdersdehnung steigt die Kraft weiter an. Probe verfestigt sich und setzt mehr Widerstand entgegen. Die Probe dehnt an der gesamten Länge sich weiter. Am Höchstlastpunkt R_m beginnt sich die Probe örtlich einzuschnüren. Weitere Dehnung findet nur im eingeschnürten Bereich bis zum Bruch statt.

Bei duktilen Metallen ohne ausgeprägter Streckgrenze kommt es zu einem kontinuierlichen Übergang von elastischer zu plastischer Verformung. Übergangspunkt mit bleibender Verformung nennt man Dehngrenze $R_{p0.2}$.

2.2 Versuchsaufbau

Die Probe für Zugversuch ist nach DIN 50125 genormte Flachprobe. Aus Kostengründen wurde der gewalzte Stahl S35JR verwendet. Bei diesem Stahl hat eine Kaltverfestigung bereits stattgefunden, was das Messergebnis beeinflussen kann.

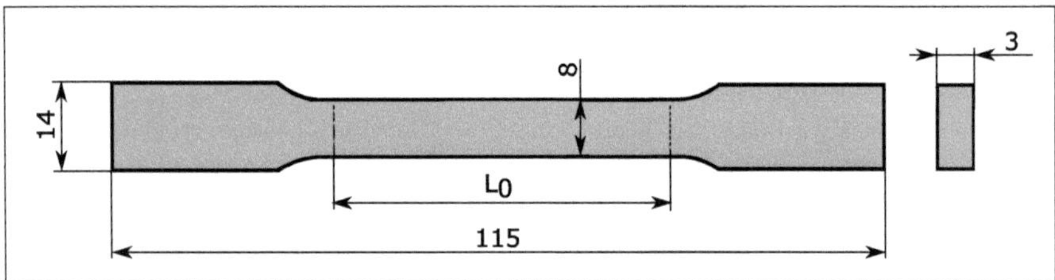

Abb. 2: Flachprobe für Zugversuch

An einer Seite der Probe wurde die Messlänge L_0 mit $30\,mm$ markiert. Dabei wurde beachtet, dass die Markierungen nicht in die Probe geritzt sind, da sonst die entstandene Kerbe Sollbruchstelle darstellen könnte. Danach wurde die Probe in die Prüfmaschine eingespannt. Es wurde beachtet, dass die Probe senkrecht steht und es keine Biegung entsteht. Weil die Probe aus der Halterung rausrutschen konnte, wurde der obere und untere Entriegelungsbolzen zusätzlich mit einer Schraubzwinge (s. Abbildung 3) eingespannt. Für die Messung der Dehnung wurde ein Feindehnungsmesssystem an die Probe angelegt. Folgende Werte wurden von der Probe vor dem Versuch aufgenommen:

- Querschnittsfläche $= 24\,mm^2$

- Messlänge $= 30\,mm$

---

[1]Vgl. Macherauch, *Praktikum in Werkstoffkunde*, S. 123.

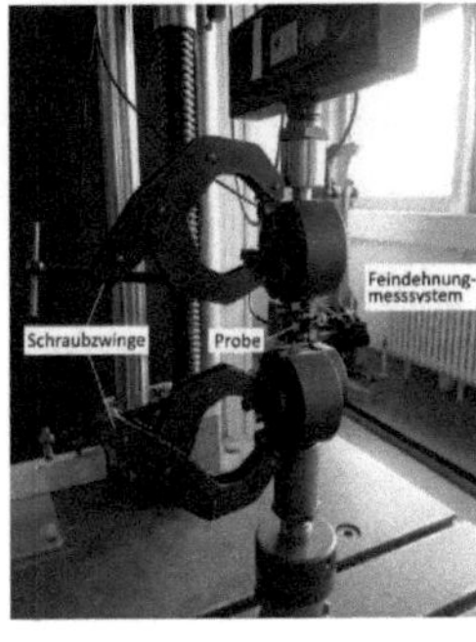

Abb. 3: Zugprüfmaschine
mit eingespannter
Probe

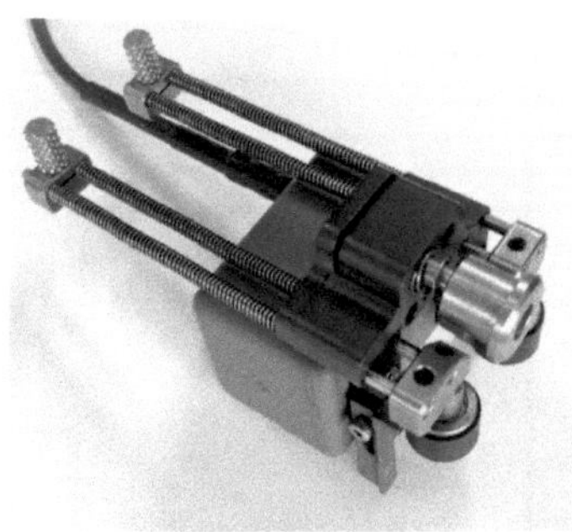

Abb. 4: Feindehnungsmesssystem

2.3 Versuchsdurchführung

Am Computer wurde neuer Prüfdatensatz mit Messlänge und Querschnittsfläche erzeugt. Um das Spiel in der Prüfmaschine auszugleichen wurde kurzzeitig kleine Vorspannung von ca. $50\,N$ angelegt. Danach wurden alle Werte auf Null gestellt. Nun wurde die Probe mit konstanter Geschwindigkeit bis zum Bruch gedehnt. Im Verlauf des Zugversuches hat Rechner die Daten in das Spannung-Dehnung-Diagramm aufgezeichnet (s. Abbildung 5).

2.4 Versuchsauswertung

In der Tabelle 1 sind die Größen der Proben vor dem Versuch und nach dem Versuch aufgeführt.

Vor dem Versuch	Nach dem Versuch
Qquerschnittsfläche: $24\,mm^2$	Qquerschnittsfläche[1]: $7,5\,mm^2$
Messlänge: $30\,mm$	Messlänge[2]: ca. $40\,mm$

Tab. 1: Größen der Proben beim Zugversuch

Festigkeitswerte für die Streckgrenze und Zugfestigkeit wurden direkt aus dem Spannung-Dehnung-Diagramm abgelesen:

Streckgrenze:	$R_\mathrm{e} = 325\ MPa$
Zugfestigkeit:	$R_\mathrm{m} = 410\ MPa$

Tab. 2: Festigkeitswerte Zugversuch

---

[1] An der Bruchstelle, im Einschnürungsbereich
[2] Nach dem Bruch wurden die beide Stücke der Probe zusammengesetzt und gemessen

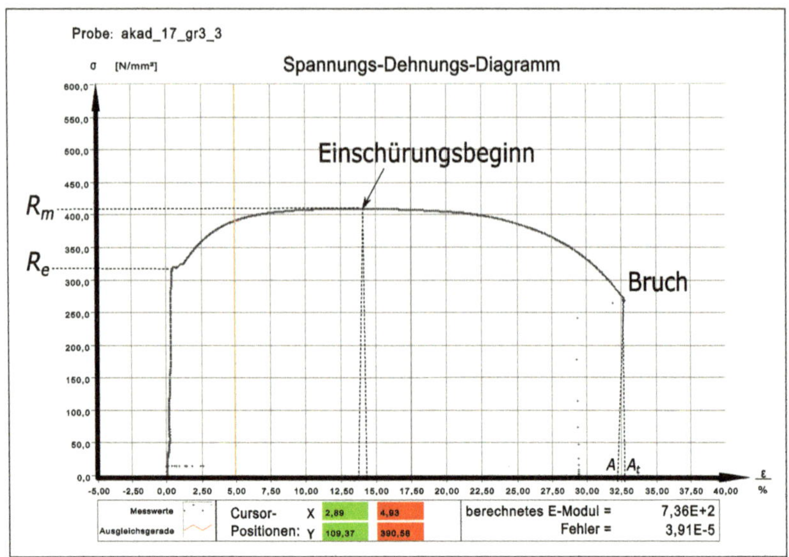

Abb. 5: Ergebnis des Zugversuchs

Die Bruchdehnung beträgt ca. $A = 32,2\%$ und die gesamte Dehnung beim Bruch (mit elastischem Anteil) beträgt ca. $A_t = 32,7\%$. Elastische Anteil beträgt ca. $A = 0,5\%$.

Der E-Modul wird allgemein nach folgender Formel ermittelt:

$$E = \frac{\Delta\sigma}{\Delta\varepsilon}$$

Die $\Delta\varepsilon$ wurde grafisch[1] zwischen $\sigma = 100\frac{N}{mm^2}$ und $\sigma = 250\frac{N}{mm^2}$ ermittelt mit $\Delta\varepsilon = 0,09\%$. Die Spannungsdifferenz entspricht dann $\Delta\sigma = 150\frac{N}{mm^2}$.

$$Elastität smodul\ E = \frac{150\frac{N}{mm^2}}{0,1\%/100} = 166666,6\bar{6}\frac{N}{mm^2}$$

Wie allgemein bekannt liegt E-Modul bei Stählen bei ca. $210000\frac{N}{mm^2}$. Der errechnete E-Modul ist deutlich kleiner. Das kann so erklärt werden: durch Verrutschen der Probe in der Prüfmaschine wurde der Ergebnis verfälscht und um exakte Werte zu erhalten, werden zur Berechnung von E-Modul die Daten von Feindehnungsmesssystem benötigt.[2]

---

[1] Grafisch errechnet mit PDF Software Foxit Phantom PDF, mit vorherigen Kalibrierung
[2] Vgl. Magin und Greven, *Werkstoffkunde und Werkstoffprüfung für technische Berufe*, S. 266.

3 Kerbschlagbiegeversuch

3.1 Grundlagen

Kerbschlagbiegeversuch dient zur Beurteilung der Zähigkeit metallischer Wekstoffe. Es dient zum Nachweis der Alterung, Kaltversprödung und zur Qualitätssicherung.[1] Die Probe mit einer Kerbe wird durch schwingenden Pendelhammer getroffen und zerstört. Dabei wird die kinetische Energie des Pendelhammers für die Verformungsprozesse durch die Probe absorbiert. Diese Energie wird als Kerbschlagarbeit genannt und ist ein Maß für die Zähigkeit eines Werkstoffs.[2] Die Ermittlung der verbrauchten Schlagarbeit:

Position 1: $E_1 = m \cdot g \cdot h_1$

Position 2: $E_2 = v_2^2 \cdot m/2$

Position 3: $E_3 = m \cdot g \cdot h_3$

Position 4: $E_4 = m \cdot g \cdot h_4$

m = Hammermasse

g = Erdbeschleunigung

v_2 = Geschwindigkeit an der Stelle 2

h_i = Höhe an der Stelle i

Durch den Luftwiderstand und die Reibung schwingt der Pendelhammer in der Position ③ nicht in die gleiche Höhe wie in der Position ①. Diese Differenz wird als Leerlaufarbeit K_0 bezeichnet und muss beim Versuch berücksichtigt werden. Die Arbeit hat die Einheit „Joule" (J).

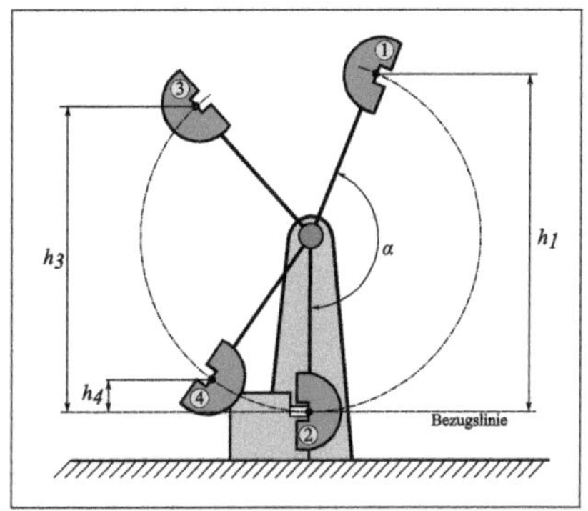

Abb. 6: Pendelschlagwerk

3.2 Versuchsaufbau

Es gibt zwei unterschiedliche Probenformen: mit V-Kerbe und mit U-Kerbe. In unserem Versuch wurde nach DVM genormte Probe mit einer U-Kerbe verwendet (s. Abb. 7).

Für den Versuch waren zwei Werkstoffe vorgesehen:

- S235JR (Baustahl)

- CuZn39Pb3 (Messing)

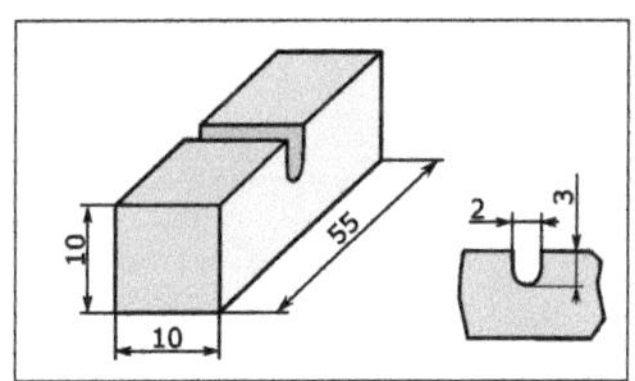

Abb. 7: Probe mit U-Kerbe

---

[1] Vgl. Magin und Greven, *Werkstoffkunde und Werkstoffprüfung für technische Berufe*, S. 269.
[2] Vgl. Weißbach, *Werkstoffkunde und Werkstoffprüfung*, S. 379.

Weil die Zähigkeit stark temperaturabhängig ist, wurden mehrere Proben für den Versuch bei unterschiedlichen Temperaturen vorbereitet: Die 20°C-Proben waren bereits unter Zimmertemperatur gelagert. Die 0°C-Proben wurden in ein Eisbad gelegt. Die -18°C-Proben wurden in der Tiefkühltruhe gekühlt. Die -196°C-Proben wurden in einem Behälter mit flüssigen Stickstoff für ca. 20 min. gekühlt. Die +200°C-Proben wurden für 20 min. im Offen aufgeheizt.

Als nächstes wurde die Leerlaufarbeit K_0 ermittelt. Dazu wurde der Pendelhammer in die Ausgangsposition gebracht und ohne Probe ausgeklinkt. Leerlaufarbeit betrug:

$$K_0 = 3\,J$$

Zusätzlich wurde eine Probe eingelegt und mit der Kerbe zu Pendelhammer zentriert. Die Aufgenommene Position wurde mit seitlichen Plättchen fixiert.

3.3 Versuchsdurchführung

Um die unbeaufsichtigte Aufheizung und daraus resultierende Messverfälschung zu vermeiden, wurden die Proben mit einr Zange, so schnell wie möglich, in das Pendelschlagwerk eingelegt. Der Pendelhammer wurde in die Position ① angehoben und fixiert. Der Messzeiger wurde auf Null gestellt. Dann wurde der Pendelhammer ausgeklinkt und ein Wert unter Berücksichtigung Leerlaufarbeit $-3\,J$, von der Skala abgelesen. Es wurden jeweils zwei Versuche pro Temperatureinheit gemacht.

3.4 Versuchsauswertung

In der untenstehender Tabelle sind die Messwerte zusammengefasst:

T [°C]	KU [J]
20	P_1: 160 P_2: 160
0	P_1: 174 P_2: 154
-18	P_1: 130 P_2: 138
-196	P_1: 2 P_2: 2
200	P_1: 202 P_2: 186

(a) S235JR

T [°C]	KU [J]
20	P_1: 19 P_2: 17
0	P_1: 18 P_2: 17
-18	P_1: 17 P_2: 17
-196	P_1: 18 P_2: 16
200	P_1: 13 P_2: 18

(b) CuZn39Pb3

Tab. 3: Messwerte Kerbschlagbiegeversuch

Mit den Messdaten wurde ein K-T-Diagramm erstellt. In dem Diagramm für Stahl (s. Abbildung 8) kann man die Versprödung bei tieferen Temperaturen erkennen (Kaltversprö- dung). Das ist charakteristisch für die Metalle mit einem ktz-Gitter. Der S235JR Stahl besitzt ein krz-Gitter und, im Vergleich zum kfz-Gitter, eine niedrigere Packungsdichte (krz=68%, kfz=74%) und niedrig dichtest gepackte Gleitebene. Mit fallender Temperatur steigt der Gleitwiderstand und Werkstoff wird spröde.

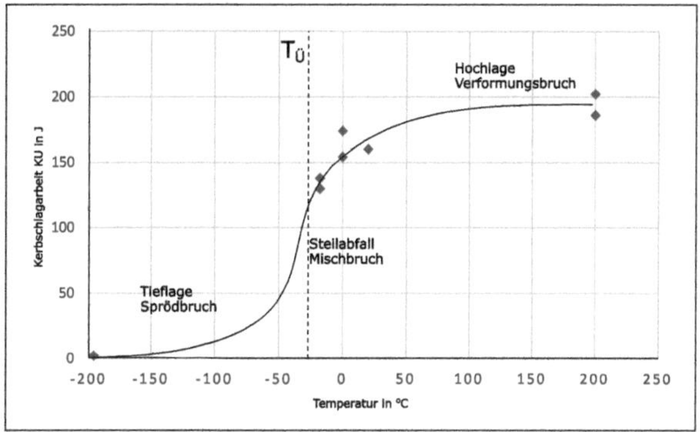

Abb. 8: K-T-Diagramm für S235JR

Messing CuZn39Pb3 besitzt ein heterogenes Gefüge mit α-β-Mischkristallen, wobei die α-Phase in einem kubischflächenzentrierten und die β-Phase in einem kubischraumzentrierten Gitter kristallisieren.[1] Die Temperatur hat keinen großen Einfluss auf die Kerbschlagarbeit (s. Abbildung 9).

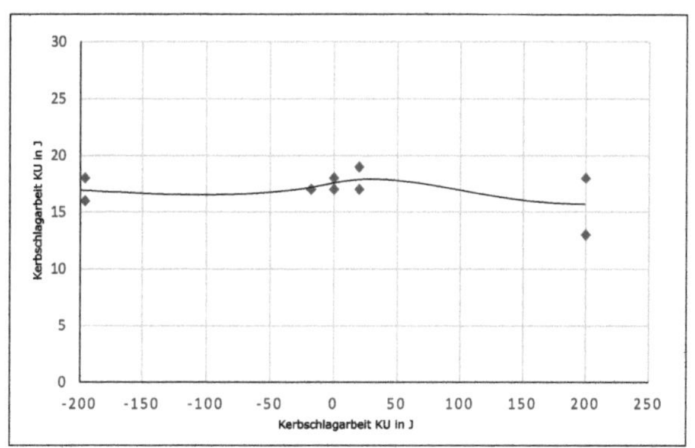

Abb. 9: K-T-Diagramm für CuZn39Pb3

---

[1] Vgl. Deutsches Kupferinstitut, *CuZn39Pb3*, S. 3.

4 Stirnabschreckversuch

4.1 Grundlagen

Stirnabschreckversuch - ist ein Verfahren der Werkstoffprüfung und dient zur Prüfung der Härtbarkeit von Stahl. Ermittelt wird die erreichbare Härte beim Abschreckhärten und der Verlauf der Härte in die Tiefe bei einem bestimmten Querschnitt.[1]
Eisen hat ein unterschiedliches Lösungsvermögen. Kubischflächenzentriertes Gitter hat größere Abstände zwischen Atomen als Kubischraumzentriertes Gitter, deshalb kann ein kfz-Gitter mehr Kohlenstoffatome aufnehmen als krz-Gitter. Beim langsamen Abkühlen wird Kohlenstoff aus γ-MK (Austenit) in Form von Perlit[2] ausgeschieden.
Durch hohe Abkühlgeschwindigkeit hat Kohlenstoff keine Zeit ausdiffundieren und verzerrt dabei kubischraumzentriertes Gitter zum einem tetragonal-verzerrten kubischraumzentrierten Gitter (Martensit).
Mit steigender Bauteil-Dicke sinkt im inneren die Abkühlgeschwindigkeit und der Verlauf der Härte. Durch Zugabe von bestimmten Legierungselementen wie Chrom kann mit langsamerer Abkühlung gehärtet werden. Gesteuert wird die Abkühlgeschwindigkeit durch unterschiedliche Abkühlmedien (u.a Wasser, Öl, Lüft). Im Stirnabschreckversuch wird eine zylindrische Probe auf Austenitisierungstemperatur aufgeheizt und von unten mit Wasser abgeschreckt. Anschließend wird die Härte in bestimmten Abständen gemessen.

Härteprüfung - Härte ist der Widerstand eines Werkstoffes gegen Eindringen eines anderen Körpers.[3] Es gibt drei Verfahren zur Härteprüfung: nach Brinell, nach Vickers und nach Rockwell.
Härteprüfung nach Rockwell ist genormt in DIN EN ISO 6508-1: 2015. Je nach Anwendung kommen unterschiedliche Eindringkörper zur Anwendung.
Die Rockwell-C-Härteprüfung (HRC) verwendet für harte Werkstoffe einen Diamantenkegel und wird folgendermaßen durchgeführt:

- Probe wird auf ein verstellbaren Auflagetisch gelegt und Richtung Prüfkopf verschoben. Nach der Norm ist kleinster Abstand zum Rand $5\,mm$, kleinster Abstand zu zuvor geprüften Stelle $2\,mm$.

- Prüfvorkraft F_0 mit $98,07\,N$ wird angelegt. Damit wird ein sicherer Kontakt zwischen Probe und Eindringkörper erreicht. Damit wird auch bewirkt, dass der elastische Anteil der Verformung nicht gemessen wird.

---

[1]Vgl. Wikipedia, *Stirnabschreckversuch — Wikipedia, Die freie Enzyklopädie*.
[2]Feinlammelares Gefüge aus Ferrit und Zementit
[3]Vgl. Magin und Greven, *Werkstoffkunde und Werkstoffprüfung für technische Berufe*, S. 288.

- Prüfkraft F_1 mit $1373\,N$ wird zusätzlich zur Prüfvorkraft F_0 für ca. 6 Sekunden angelegt.

- Nach entlasten der Prüfkraft kann die Rockwell-Härte direkt abgelesen werden.

4.2 Versuchsaufbau

Für den Versuch waren zwei Proben vorgesehen:

- C45E (unlegierter Vergütungsstahl)

- 45CrMo4 (Vergütungsstahl)

Die Proben wurden in einem Abstand von 15 min für 30 min im Offen auf 850 °C aufgeheizt.
Der Aufbau des Stirnabschreckversuchs ist in Abbildung 10 dargestellt. Die Referenz Probe wurde eingelegt und die Distanz von Probenstirnseite zum Wasseraustritt kontrolliert. Die Steighöhe des Wasserstrahls wurde kontrolliert, so dass das Wasser eine Steighöhe von $65\,mm$ erreicht.

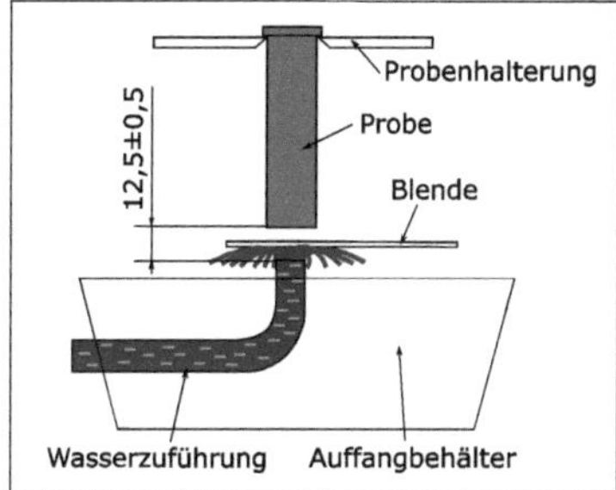

Abb. 10: Aufbau des Stirnabschreckversuchs

4.3 Versuchsdurchführung

Erste Probe aus unlegierten Vergütungsstahl wurde aus dem Offen geholt, in die Probenhalterung eingehängt und die Blende gedreht.

Abb. 11: Versuchsdurchführung des Stirnabschreckversuchs

Nach 15 Minuten wurde die Probe von Probenhalterung rausgeholt und zur endgültigen Abkühlung in einen mit Wasser gefüllten Eimer gelegt.Die Zweite Probe mit 45CrMo4 Vergütungsstahl wurde aus dem Offen entnommen und wie oben beschrieben abgeschreckt.

Bei höheren Temperaturen bildet sich an Stahl Oberfläche, durch Oxydationsreaktion, Eisenoxide (Zunder), dabei entweicht Kohlenmonoxid CO (Entkohlung). Deswegen, nach vollständiger Abgekühlung, wurden die Mantelflächen der Proben mit groben Schleifpapier abgeschliffen und poliert. Die Härte nach Rockwell wurde an folgenden Punkten gemessen:

- Die unbehandelte Referenz-Proben.

- Die Stirnseite gehärteter Probe.

- Von der Stirnseite gemessen in [mm]: 2,5; 5; 7,5; 10; 15; 20; 25; 30; 40; 50; 60.

Die Ergebnisse des Stirnabschreckversuches sind in dem Prüfbericht aufgezeichnet (siehe Abbildung 12).

Probenwerkstoff: *C45E*   Probenwerkstoff: *42CrMo4*

HRC vor dem Versuch: *12*   HRC vor dem Versuch: *31*
Rockwellhärte vor dem Versuch   Rockwellhärte vor dem Versuch

Probendurchmesser: *25 mm*   Probendurchmesser: *25 mm*
Probenlänge: *100 mm*   Probenlänge: *100 mm*

Austenitisierungsbedingungen   Austenitisierungsbedingungen
Wärmemittel: *Heizoffen*   Wärmemittel: *Heizoffen*
Abschreckmittel: *Wasser*   Abschreckmittel: *Wasser*
Härtetemperatur: *850 °C*   Härtetemperatur: *850 °C*
Haltedauer: *30 min*   Haltedauer: *30 min*

Abstand [mm]	HRC	Abstand [mm]	HRC
Stirnfläche	*60*	Stirnfläche	*61*
2,50	*51,5*	2,50	*59*
5,00	*30*	5,00	*56*
7,50	*23*	7,50	*55*
10,00	*24*	10,00	*56*
15,00	*21*	15,00	*51*
20,00	*21*	20,00	*46*
25,00	*16*	25,00	*44*
30,00	*16*	30,00	*36*
40,00	*15*	40,00	*32*
50,00	*13*	50,00	*32*
60,00	*10*	60,00	*31*

Besonderheit: *Toleranz ±2 HRC*   Besonderheit: *Toleranz ±2 HRC*

Abb. 12: Prüfbericht für den Stirnabschreckversuch nach DIN 50191

4.4 Versuchsauswertung

Aus den Messdaten wurde ein Diagramm mit HRC-Verlauf erstellt (s. Abbildung 13). Man erkennt bei unlegiertem Stahl einen Härteabfall mit steigendem Abstand von der Stirnseite. Höhere Härtegrad wird nur bei höheren Abkühlgeschwindigkeiten erreicht. Mit steigender Bauteildicke kühlt sich innere langsamer ab, d.h. Bauteil ist außen hart und innen zäh.

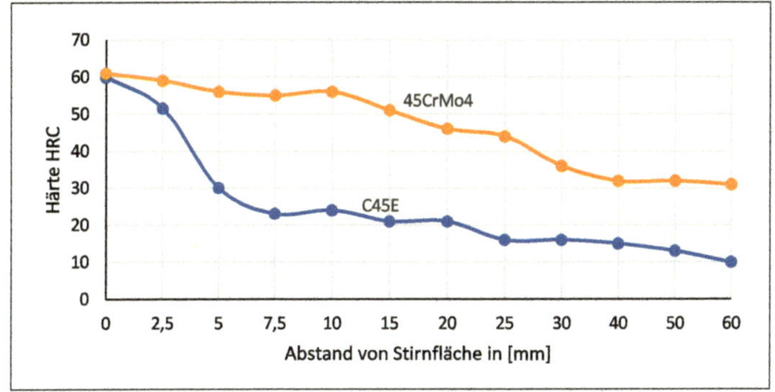

Abb. 13: HRC-Verlauf einer Stirnabschreckprobe

Vergütungsstahl 45CrMo4 zeigt kein Härteabfall, d.h es kann durchgehärtet werden. Chrom blockiert Kohlenstoffatome und verzögert Ausdiffundieren von Kohlenstoffatomen aus dem krz-Gitter. Noch bessere Ergebnisse erreicht man, indem man als Abschreckmittel Öl einsetzt. Dabei wird Verziehen und Reißen vermieden[1] und die Härtegrad verteilt sich noch gleichmäßiger über die gesamte Bauteildicke.

5 Metallografie

5.1 Grundlagen

Ziel der Metallografie ist qualitative und quantitative Beschreibung des Gefüges metallischer Werkstoffe mit Hilfe mikroskopischen Verfahren. Dabei wird die Probe in ein Einbettmittel eingebettet, danach von grob bis fein geschliffen und spiegelglatt poliert. Bei der polierten Oberfläche ist das Gefüge noch nicht sichtbar, aber man kann bereits unter dem Mikroskop die Poren, Gasblasen oder Einschüsse beobachten.[2] Anschließend wird das Gefüge sichtbar gemacht indem die Probenoberfläche mit Ätzmittel behandelt wird, dabei werden die Phasen (Körner) unterschiedlich abgetragen, sodass der auffallende Licht unterschiedlich reflektiert wird und die einzelnen Körner in unterschiedlichen Farben erscheinen.

---

[1]Vgl. Klostermann, *Die Praxis der Warmbehandlung des Stahles*, S. 63.
[2]Vgl. Wikipedia, *Metallografie — Wikipedia, Die freie Enzyklopädie*.

5.2 Versuchsdurchführung

5.2.1 Probenentnahme

Als erstes wurden drei Proben aus einer Schraube, Zugversuch-Probe und Kerbschlagbiegeversuch-Probe entnommen. Damit das Gefüge beim Abtrennen nicht verfälscht wurde, muss auf ausreichende Kühlung geachtet werden. Weil solche Kühlung im Labor nicht zur Verfügung stand, wurden die Proben mit einer Handsäge möglichst langsam abgesägt.

5.2.2 Einbetten

Die abgetrennte Proben wurden vor dem Einbetten in einem Ultraschall-Bad mit Alkohol gereinigt und entfettet. Die gereinigten Proben wurden mit geschnittener Seite nach unten in einen Einbettform gelegt. Zum Einbetten wurde $19,9\,g$ Kalteinbettmittel ClaroCit Pulver mit $12\,g$ flüssigem Härter vermischt. Dabei wurde beachtet, dass bei Durchmischen keine Blasen entstehen. Die Einbettform wurde gefüllt und für ca. 30 min. zum Aushärten gelassen.

5.2.3 Schleifen und Polieren

Die ausgehärtete Proben wurden aus der Einbettform entnommen und in einen Halter eingespannt (s. Abb. 15) und in der Tabelle 5 ausgeführten Schritten mit einer Schleifmaschine (s. Abb. 14) geschliffen und poliert. Damit kein Schleifmittel verschleppt wurde, wurde die Probe zwischen einzelnen Schritten mit Wasser und mit Alkohol im Ultraschal-Bad gereinigt.

Schritte	Scheibe	Emulsion	U/min	F[N]	Zeit
① Planschleifen 1	100er SiC	Wasser	300	62,5	2 min.
② Planschleifen 2	320er SiC	Wasser	300	62,5	bis plan.
③ Feinschleifen	MD Largo	DiaPro 9μ	150	62,5	5 min.
④ Polieren 1	MD Dac	DiaPro 3μ	150	62,5	4 min.
⑤ Polieren 2	MD Nap	DiaPro 1μ	150	42	1-2 min.

Tab. 5: Schleifen und Polieren

Beim Schleifen und Polieren wurde die Probe gleichmäßig belastet und gedreht. In den einzelnen Schritten (s. Tabelle 5) wurde Suspension zugeführt.

Abb. 14: Schleifmaschine

Abb. 15: Probenhalter mit bereits polierten Proben

Die polierten Proben wurden in einem Lichtmikroskop betrachtet. Gefüge war nicht sichtbar. Die Proben wiesen auch keine Poren oder Gasblasen auf. Deswegen wurde die Probe im nächsten Schritt geätzt.

5.2.4 Ätzen

Das Ätzen fand unter einem Abzug statt. Geätzt wurde in einer Nital Lösung (90ml Ethanol + 10ml Salpetersäure). Die Probe wurde dabei für ca. 10 sec. eingetaucht und anschließend gereinigt.

5.3 Versuchsauswertung

Die geätzten Proben wurden unter einem Lichtmikroskop Betrachtet. Das Gefüge war gut sichtbar und wurde anschließend digital aufgenommen.

In der Abbildung 16 ist das Gefüge einer Kerbschlagbiegeversuch-Probe aus Baustahl S235JR dargestellt. Dieser Werkstoff besitzt ein fast rein ferritisches Gefüge. Die helle Bereiche bestehen aus Ferrit mit Zementit an Korngrenzen. Wenige dunkle Bereiche sind perlitisches Gefüge.

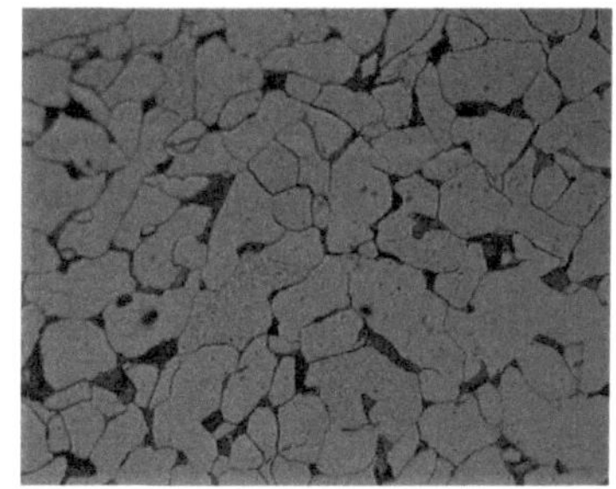

Abb. 16: Baustahl S235JR

6 REM - Rasterelektronenmikroskop

6.1 Grundlagen

In einem Rasterelektronenmikroskop wird die Probe mit einem gebündelten Elektronenstrahl zeilenweise Punkt für Punkt abgerastert. Der Strahlungsdetektor empfängt Punkt für Punkt die Informationen über die Beschaffenheit des Objekts. Die Intensität des Signals wird ausgewertet und ein Rasterbild des Objekts wird zusammengesetzt.

Elektronenstrahl und Probe müssen sich im Vakuum befinden, um Wechselwirkungen mit den Molekülen in der Luft zu vermeiden. In der Abbildung 17 ist der prinzipielle Aufbau eines Rasterelektronenmikroskops bildlich dargestellt.

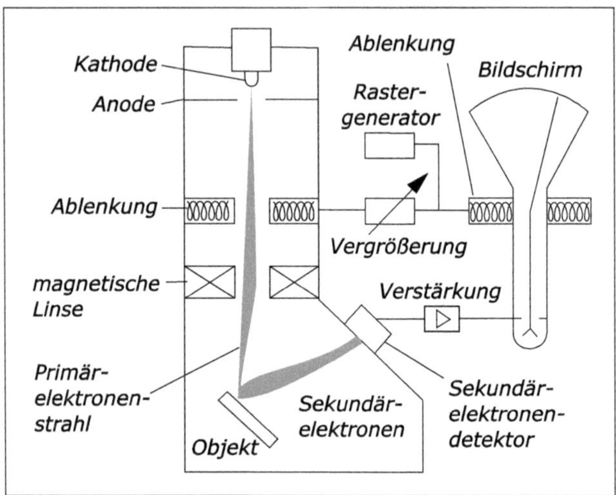

Abb. 17: Funktionsschema des REM. Quelle: Spektrum der Wissenschaft Verlagsgesellschaft mbH, *Rasterelektronenmikroskop*

Weil die Untersuchung im Vakuum stattfindet, müssen die Proben vakuumstabil und elektrisch leitfähig sein. Bei elektrisch nicht leitfähigen Proben muss daher eine leitende Schicht aus Gold oder Palladium aufgetragen werden.

Wasserhaltige Proben müssen entwässert und getrocknet werden. Die heute üblicherweise angewandte Trocknungsmethode ist die Kritische-Punkt-Trocknung.

6.2 Versuchsdurchführung

In der Laborveranstaltung waren bereits mehrere Proben auf einem Probenhalter vormontiert. Durch Vergrößerungsregler kann der abgerasterte Abschnitt der Probe verkleinert werden. Durch den Drehspindel kann man Probenhalter drehen und so zu nächsten Probe untersuchen. Durch Video Wandler wurde der analoge Video Signal digitalisiert und am Rechner aufgenommen(s. Abbildung 18).

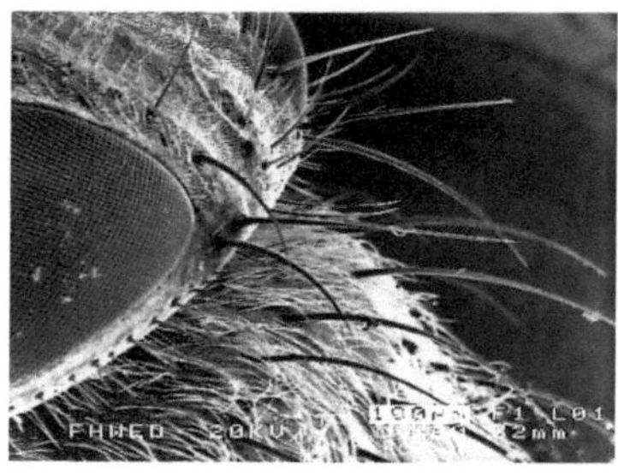

(a) Haare einer Fliege

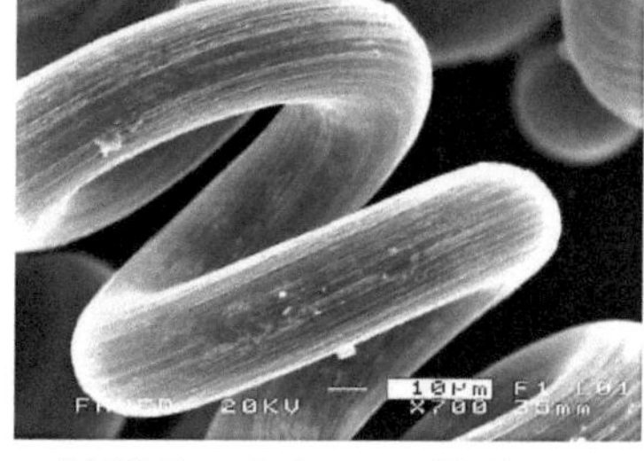

(b) Wolframdraht einer Glühbirne

Abb. 18: Untersuchte Proben mit REM

6.3 Versuchsauswertung

Die Ergebnisse einer Rasterelektronenmikroskop haben im Vergleich zu Lichtmikroskopie eine sehr große Schärfentiefe. Der maximale Vergrößerungsfaktor liegt bei ca. 500.000:1, während dieser bei der Lichtmikroskopie bei etwa 2000:1 liegt.

Bei REM sind nur Schwarz-Weiß Bilder möglich. Untersuchungen an lebenden Objekten sind nicht möglich.

7 Ultraschal-Impuls-Echo-Verfahren

7.1 Grundlagen

Das Ultraschal-Impuls-Echo-Verfahren gehört zur zerstörungsfreien Werkstoffprüfung. Werkstoffe können auch während Einsatzes auf Materialfehler wie z.B. Lunker, Risse oder fehlerhafte Schweißnähte untersucht werden. Mit Hilfe des Ultraschal-Impuls-Echo-Verfahrens lassen sich die Unregelmäßigkeiten (Ungänzen) feststellen.

Das Ultraschal-Impuls-Echo-Verfahren beruht auf der Laufzeitmessung eines Ultraschallimpulses. Schallwellen pflanzen sich in Metallen als mechanische Schwingung geradlinig mit hoher Geschwindigkeit fort. Sie werden an Grenzflächen stark reflektiert, so dass der weiterlaufende Schall gechwächt wird. Bei der Ultraschallprüfung vergleicht man die Schwächung der Reflexion des Schalls an inneren Fehlern mit den Daten eines fehlerfreien Werkstückes.[1] Der Prüfkopf ist an ein Messgerät angeschlossen, der sowohl als Sender, als auch als Empfänger von Ultraschallimpulsen dient. Prüfkopf wird über ein Ankoppelmittel auf den Prüfkörper aufgesetzt. Das Ankoppelmittel sorgt für einen geringeren Impedanzunterschied. In der Abbildung 20 ist das Prinzip der Ablesung einer Ungänze an einem Oszilloskop.

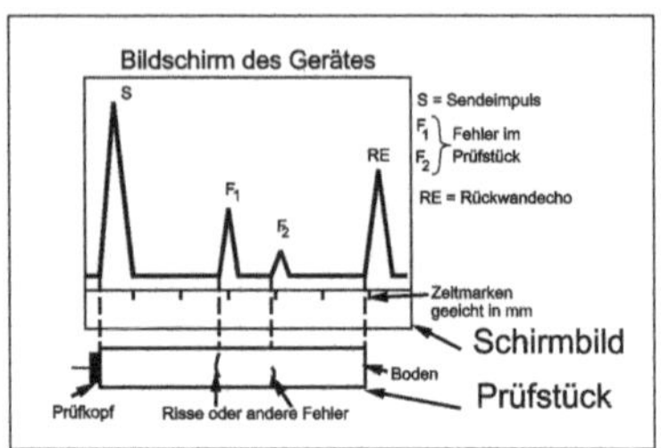

Abb. 20: Schirmbild der Untersuchung eines Prüfstücks,
Quelle: TU Ilmenau, *Ultraschallprüfung 1*, S. 4

7.2 Versuchsaufbau

Es standen drei unterschiedliche Prüfkörper zur Untersuchung. Erster Prüfkörper hatte eine bekannte Dicke und diente zur Messung der Schallgeschwindigkeit. Zweiter Prüfkörper war ein Aluminium Block, das in einem Holzrahmen eingebaut war und diente zur Messung der Dicke. Dritter Prüfkörper hatte Bohrungen von der unteren Seite. Die Untere Seite war angeklebt. Als Ankoppelmittel stand Glyzerin zur Verfügung. Es wurde ein US-Gerät UISP11 der Firma Krautkrämer verwendet. In der Abbildung 21 sind die Bedienelemente des Ultraschall-Prüfgeräts UISP11 beschrieben.

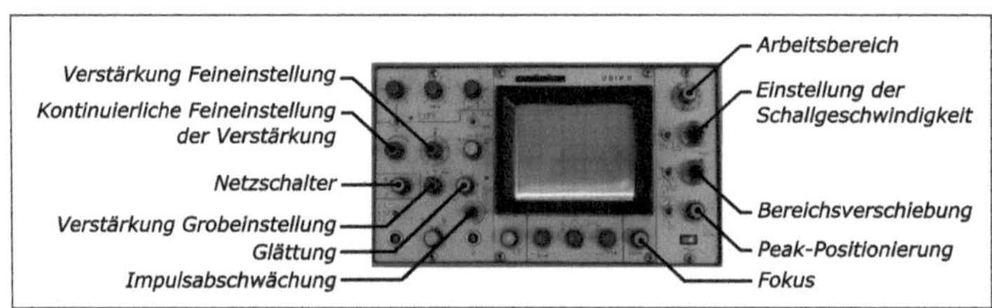

Abb. 21: Beschreibung eines Ultraschall-Prüfgerät UISP 11

---

[1]Vgl. Magin und Greven, *Werkstoffkunde und Werkstoffprüfung für technische Berufe*, S. 388.

7.3 Versuchsdurchführung

Erster Prüfkörper hatte eine Dicke von $48,7 \pm 0,2\,mm$. Ziel dieser Untersuchung war die Ermittlung der mittleren Schallgeschwindigkeit. Nach Ankoppeln wurde die Schallgeschwindigkeit so eingestellt, dass der Echoabstand der Dicke entsprach. Die Schallgeschwindigkeit wurde dann am Knopf 15 abgelesen. In der Abbildung 22 ist ein Messprotokoll aus der erster Untersuchung dargestellt.

Schallgeschwindigkeitsmessung:

Arbeitsbereich: 50 mm	Dicke d = 48,7 mm	Echoabstand: 97,4 Skalenteile

Messergebnisse:

Ankoppelung	1. Ablesung [km/s]	2. Ablesung [km/s]
1	6.36	6,34
2	6,38	6,34
3	6,36	6,36
4	6,36	6,36

Mittlere Schallgeschwindigkeit	$c = 6,358 \approx 6,36$

Abb. 22: Messprotokoll erster Ultraschall Untersuchung

Zweiter Prüfkörper war ein $100\,mm$ langes Aluminium Block, der in einem Holzrahmen eingebaut war. Ziel dieser Untersuchung war, mit Hilfe der im ersten Untersuchung ermittelten Schallgeschwindigkeit c, die Ermittlung der Dicke. In der Abbildung 23 wurden die Messwerte der zweiten Untersuchung aufgenommen. Die Verstärkung GL wurde auf $V = 26$ und die Glättung GL wurde auf $GL = 1,5$ eingestellt. Die Dicke wurde mit $30mm$ ermittelt.

Schallgeschwindigkeit (aus Versuchsteil 1): c = 6,36

Arbeitsbereich: 100 mm   V = 26   GL = 1,5

Messergebnisse:

Ankoppelung	1. Ablesung [Skt.] 1. RWE auf „0"	2. Ablesung [Skt.] 2. RWE auf „0"	3. Ablesung [Skt.] 3. RWE auf „0"
1	30	30	30
2	30	30	30
3	30	30	30
4	30	30	30

Abb. 23: Messprotokoll zweiter Ultraschall Untersuchung

Dritter Prüfkörper war ein $250\,mm$ langes Aluminium Block mit sechs Ungänzen. Ziel der Untersuchung war die Bestimmung der Tiefe von Ungänze unter der Messoberfläche. In der Abbildung 24 ist ein Messprotokoll aus der dritter Untersuchung dargestellt.

Ortung und Vermessung von Ungänzen

| c Stahl =5,885 km/s | Arbeitsbereich: mm 250 mm | Abstand A_R : 219 Skt. |

Messergebnisse:

Ungänze 1	Abstand A' [Skt.]	benötigte Verstärkung [dB]
Ankoppelung 1	36 => 90 mm	15
Ankoppelung 2	36	18
Ankoppelung 3	36	17
Ankoppelung 4	36	15
Ankoppelung 5	36	16

Ungänze 2	Abstand A' [Skt.]	benötigte Verstärkung [dB]
Ankoppelung 1	25 => 62,5 mm	31
Ankoppelung 2	25	32
Ankoppelung 3	25	33
Ankoppelung 4	25	32
Ankoppelung 5	25	32

Ungänze 3	Abstand A' [Skt.]	benötigte Verstärkung [dB]
Ankoppelung 1	31 => 77,5 mm	39
Ankoppelung 2	31	40
Ankoppelung 3	31	39
Ankoppelung 4	31	39
Ankoppelung 5	31	40

Ungänze 4	Abstand A' [Skt.]	benötigte Verstärkung [dB]
Ankoppelung 1	35 => 87,5 mm	53
Ankoppelung 2	35	54
Ankoppelung 3	35	55
Ankoppelung 4	35	53
Ankoppelung 5	35	53

Ungänze 5	Abstand A' [Skt.]	benötigte Verstärkung [dB]
Ankoppelung 1	24 => 60 mm	34
Ankoppelung 2	24	27
Ankoppelung 3	24	27
Ankoppelung 4	24	24
Ankoppelung 5	24	25

Ungänze 6	Abstand A' [Skt.]	benötigte Verstärkung [dB]
Ankoppelung 1	14 => 35 mm	24
Ankoppelung 2	14	22
Ankoppelung 3	14	22
Ankoppelung 4	14	21
Ankoppelung 5	14	22

Abb. 24: Messprotokoll dritter Ultraschall Untersuchung

7.4 Versuchsauswertung

Für jeden Prüfkopf gibt es prüfkopfspezifische AVG-Diagramme. Für jede Ungänze aus dem dritten Versuch wurde ein Mittelwert der Abstände und benötigter Verstärkung berechnet und in AVG-Diagramm eingetragen.

In der Abbildung 25 ist die Ermittlung von Durchmesser für die Ungänze 1 beispielhaft dargestellt. Der Durchmesser für die Ungänze 1 beträgt $D_f = 6,8\,mm$. In der Tabelle 6 sind die Ergebnisse für alle restliche Ungänze zusammengefasst.

Ungänze Nr.	Mittlere Abstand A_i	Mittlere Verstärkung	Durchmesser D_f nach AVG-Diagramm
Ungänze 1	$90,0\,mm$	$16,2\,dB$	$ca.6,8\,mm$
Ungänze 2	$62,5\,mm$	$32,0\,dB$	$ca.2,1\,mm$
Ungänze 3	$77,5\,mm$	$39,4\,dB$	$ca.1,5\,mm$
Ungänze 4	$87,5\,mm$	$53,6\,dB$	$< 1\,mm$
Ungänze 5	$60,0\,mm$	$27,4\,dB$	$ca.2,8\,mm$
Ungänze 6	$35,0\,mm$	$22,2\,dB$	$ca.3,8\,mm$

Tab. 6: Auswertung des dritten US-Versuch

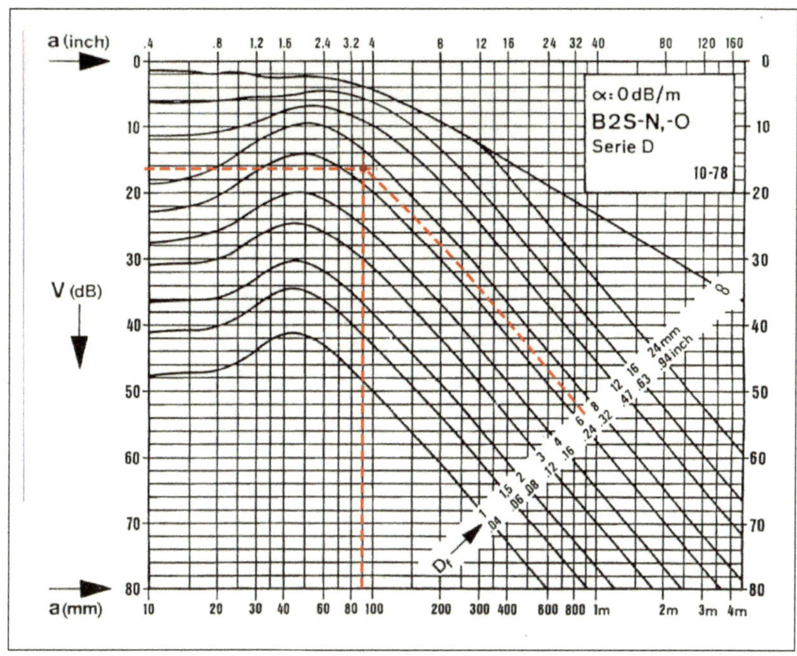

Abb. 25: AVG-Diagramm für Prüfkopf B2S-N

8 Empirische Kunststoffbestimmung

8.1 Grundlagen

Ein Kunststoff genau zu bestimmen ist nur durch aufwändige Laboranalysen möglich. In vielen Fällen ist es aber möglich die Kunststoffe anhand ihrer Eingenschaften zu erkennen oder auf wenige mögliche Kunststoffe einzugrenzen. Alle Kunststoffe haben unterschiedliche Dichte. Wird die probe im Wasser sinken so kann man schließen, dass die Dichte größer als $1\,kg/dm^3$ ist. Schwimmt die Probe auf der Wasseroberfläche ist die dichte kleiner als $1\,kg/dm^3$.

Kunststoffe können gut brennen, weil sie aus Kohlenstoff und Wasserstoff bestehen. Sind jedoch Chlor oder Fluor s.g. Halogene vorhanden, ist die Brennbarkeit stark eingeschränkt.[1]

Kunststoffe reagieren unterschiedlich mit Lösungsmitteln.

In einem Beilstein Versuch wird Kunststoff auf enthaltene Halogene getestet. Dabei wird ein

---

[1]Vgl. Ing.-Büro Simon - Cabling Concepts, *Halogenfreiheit*, S. 1.

Kupferdraht unter einer Flamme geglüht und anschließend in Kontakt mit Kunststoffprobe gebracht und unter einer Flamme gehalten. Beim positiven Test verfärbt sich die Flamme grün. Kann es nicht zwischen PE und PP entschieden werden, wird die Probe mit Fingerhägel geritzt. Das Polypropylen ist deutlich kratzfester im Vergleich zu Polyethylen.

8.2 Versuchsaufbau

Für den Versuch standen sechs unterschiedliche Proben zu Verfügung (s. Abbildung 26)

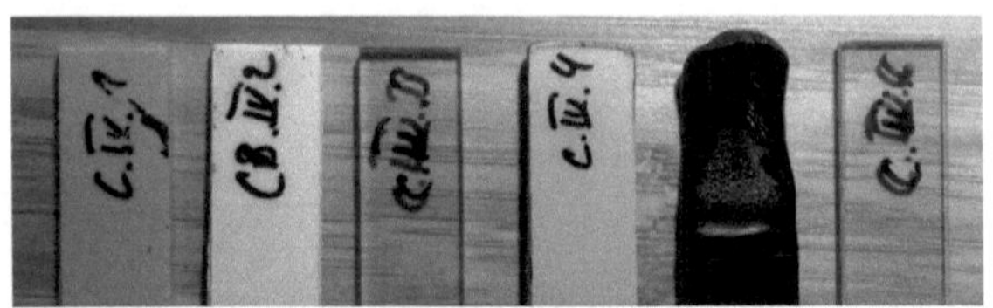

Abb. 26: Proben für die Kunststofferkennung

Folgende Elemente waren im Labor vorbereitet: Eine Schale mit Wasser, Gasbrenner, Glasbecher mit Lösemittel Tetrachlorkohlenwasserstoff, Lösemittel Essigester und Kupferdräte. Versuche mit Lösemittel wurden unter einem Luftabzug durchgeführt.

8.3 Versuchsdurchführung

In der Tabelle 7 sind die Laborversuche dokumentiert.

Versuch	Ergebnis	Proben					
		1	2	3	4	5	6
Verhalten im Wasser	schwimmt	✓					
	sinkt		✓	✓	✓	✓	✓
Brennverhalten außerhalb der Flamme	brennt nicht rußend	✓		✓		✓	
	brent rußend		✓				
	brennt unter Koksbildung kurz weiter, erlicht						✓
	erlischt				✓		
Lösemittel 1: Tetrachlorkohlenwasserstoff	klebt						
	Oberfläche wird angegriffen, matt						
	klebt nicht	✓	✓	✓	✓	✓	✓
Lösemittel 2: Essigester	klebt		✓				✓
	Oberfläche wird angegriffen, matt						
	klebt nicht	✓		✓	✓	✓	
Beilstein-Probe	positiv (grüne Flamme)				✓		✓
	negativ	✓	✓	✓		✓	
Mit Fingernagel ritzen	Kratzspuren sichtbar					✓	
	keine Kratzspuren	✓	✓	✓	✓		✓
Geruch der Schwaden ohne Flamme	unangenehm stechend	✓					✓
	nach verbranntem Horn						
	fruchtartig		✓		✓	✓	
	nicht spezifisch				✓		
Bruchprobe	Sprödbruch				✓		
	Weißbruch[1]	-	✓		-	-	-

Tab. 7: Ergebnisse der Laborversuche Kunststofferkennung

8.4 Versuchsauswertung

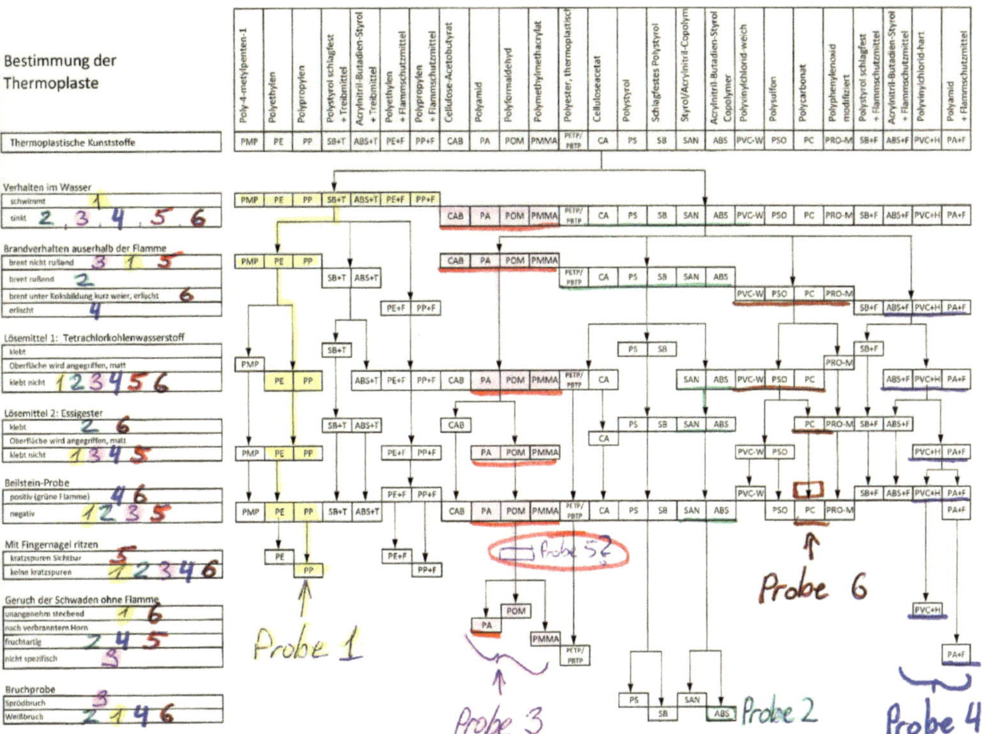

Abb. 27: Auswertung der Kunststofferkennung

Fast alle versuche waren recht genau und eindeutig. Der Geruch Test konnte aber nicht eindeutig bestimmt werden. Es kann dafür mehrere Grunde geben. Zum einem die fehlende Erfahrung zum anderen schlechtes Geruchssinn. In der Abbildung 27 wurden die Daten aus dem Laborversuch ausgewertet.

Die Probe 1 wurde eindeutig als PP identifiziert. Die Probe 2 konnte auch eindeutig als ABS identifiziert werden. Die Probe 3 konnte wegen des Geruchstests auf drei mögliche Kunststoffe eingegrenzt werden: PA, POM und PMMA Bei der Probe 4 konnte wegen des Geruchstests auf zwei mögliche Kunststoffe eingegrenzt werden: PVC+H und PA+F. Die Probe 5 hatte sichtbare Kratzspuren, passt aber nicht in die Schema. Würde man Verhalten im Wasser nicht beachten würde man diese Probe 5 als PE bestimmen. Die Probe sank aber im Wasser, d.h. Probe 5 hat höhere Dichte. Aus diesem Grund konnte die Probe PE-HD sein. Die Probe 6 wurde eindeutig als PC identifiziert.

---

[1]Weißbruch bei den Proben 1, 4, 5, 6 war nicht eindeutig. Erst durch mehrmalige biegen gab es Bruch Spuren. Probe 6 konnte nicht gebrochen werden

Am ende des Labors wurden die richtigen Werkstoffe der Proben offengelegt (s. Tabelle 8)

Probe 1	Probe 2	Probe 3	Probe 4	Probe 5	Probe 6
PP	ABS	PMMA	PVC+H	PE-HD	PC

Tab. 8: Richtige Werkstoffe der Proben für Kunststofferkennung

Wie man an der Auswertung sehen kann, können Kunststoffe sehr gut identifiziert oder zumindest auf wenige mögliche Kunststoffe eingegrenzt werden. Dir Geruchsversuch sollte durch zweite Person wiederholt werden.

9 Differential Scanning Calorimetrie (DSC)

9.1 Grundlagen

Differential scanning calorimetry (deutsch dynamische Differenzkalorimetrie) ist ein Verfahren der thermischen Analyse zur Messung von abgegebener oder aufgenommener Wärmemenge. Physikalische Grundlage ist die Messung der Enthaloieänderung über ein definiertes Temperaturprofil. Infolge exothermen oder endothermen Prozessen bzw. Phasenänderungen kommt es zu Temperaturdifferenzen zwischen Probe und Referenz (meistens mit Luft gefüllte Aluminium-Tiegel), d.h die Probe verändert sich während der Messung z.B schmilzt und es wird mehr Wärme verbraucht oder es wird bei Kristallisation Wärme freigesetzt. Die Wärmeströme für Probe und Referenz unterscheiden sich.

Die Probe wird in ein kleinen Aluminium-Tiegel eingebettet und zusammen mit Referenz gleichmäßig mit eingestellten Temperatur beheizt, dabei wird die Enthalpieänderung ΔH über das Thermoelement bei der Probe und Referenz gemessen, in bestimmten Abständen abgeglichen (Scanning) und gespeichert.

Ist die Enthalpieänderung ΔH negativ so handelt es sich um ein exothermer Prozess, indem Energie freigesetzt wird. Ist die Enthalpieänderung ΔH positiv so handelt es sich um ein endothermer Prozess indem Energie verbraucht wird.

9.2 Versuchsaufbau

Untersucht wurden Zwei Proben aus Polyethylen BASF Lupolen 1810H (PE-LD) und Polyamid BASF Ultramid B3K (PA6). Die Proben wurden plan und zentriert in einen Tegel gebracht. Danach wurde Deckel des Tiegels zentral mit dem dafür Vorgesehenen Werkzeug durchgestoßen. Im Anschluss wurde der Tiegeldeckel an den Tiegel gepresst und auf der analytischen Waage gewogen. Der Gewicht der PE-LD Probe betrug $16,7\,g$. Der Gewicht der PA6 Probe betrug $16,2\,g$. Die Referenz Probe lag bereits vor.

9.3 Versuchsdurchführung

Die Probe aus PE-LD und die Referenzprobe wurden in Probenraum eingelegt. An dem Prüfgerät wurden unterschiedliche Parameter wie z.B Starttemperatur angepasst (s. Abbildung 28). Der Versuch hat ca. 30 Minuten gedauert. Danach wurde Versuch mit PA Probe durchgeführt. Als Ergebnis der DSC Analyse war ein geplottete Diagramm.

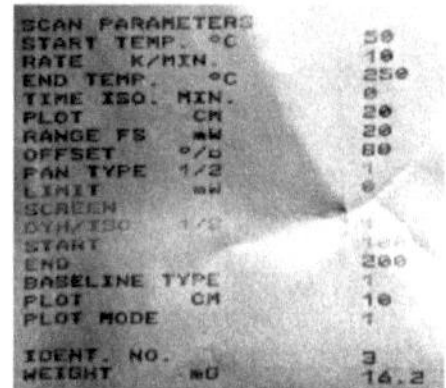

Abb. 28: Parameter am DSC-Prüfgerät

9.4 Versuchsauswertung

Die Qualität der eingescannter Diagramme aus Plotter war nicht zufriedenstellend, deswegen wurden die Diagramme mit einem Grafikprogramm nachgebildet. Abbildung 29 zeigt ein DSC Diagramm für Polyethylen mit allen Phasen. Die Interpretierung des Peaks vor der exothermen Zersetzung war schwierig. Es kann sich um eine chemische Reaktion, wie z.B Vernetzung, bei der Energie frei wird handeln.

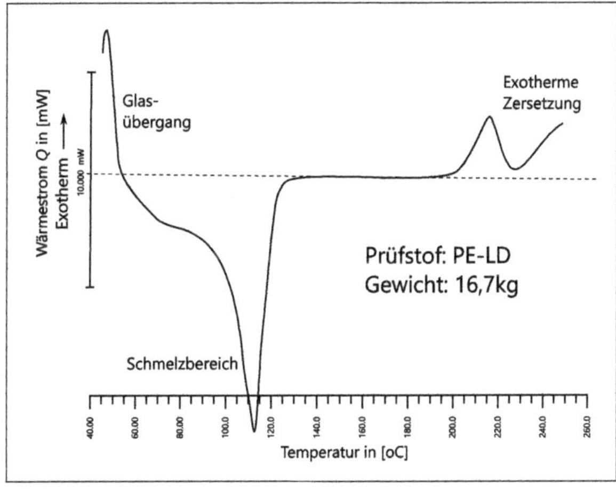

Abb. 29: DSC Diagramm - Polyethylen (PE)

In der Abbildung 30 ist die Auswertung des DSC Diagramms der PA6 Probe mit allen Phasen dargestellt. Bei der Kristallisation entsteht die so genannte Kristallisationswärme, d.h die Wärme wird abgegeben (Exotherme Prozess). Die Peakflächen können integriert werden, damit wird die eingesetzte Energie für die jeweilige Phase ermittelt.

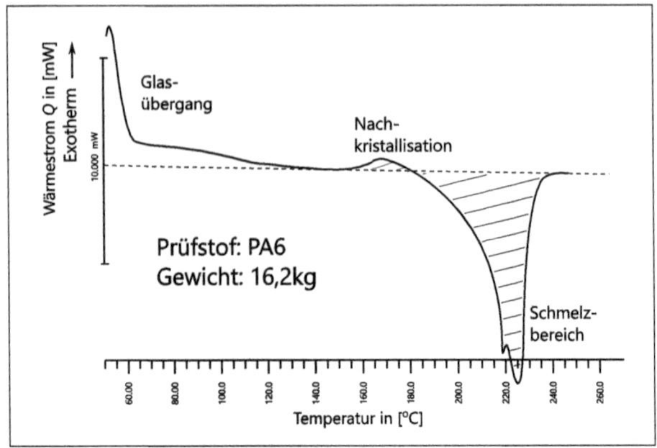

Abb. 30: DSC Diagramm - Polyamid (PA)

In dem Schmelzbereich von Polyamid sind mehrere Peaks zu sehen. Polyamid ist ein teilkristalliner Kunststoff mit amorphen und kristallinen Bereichen. Bei der Kristallisation bilden sich Sphärolithe. Im Randschichtbereichen von Spritzgussformteilen können sich andere Strukturen bilden, so genannte Shish-Kebab-Strukturen.[1] Im Vergleich zu Shish-Kebab-Struktur brauchen die Sphärolithe mehr Energie für die Schmelze.

---

[1]Vgl. Menges u. a., *Menges Werkstoffkunde Kunststoffe*, S. 177.

Literaturverzeichnis

Deutsches Kupferinstitut. *CuZn39Pb3*. URL: https://www.kupferinstitut.de/fileadmin/
    user_upload/kupferinstitut.de/de/Documents/Shop/Verlag/Downloads/Werkstoffe/
    Datenblaetter/Messing/CuZn39Pb3.pdf.

Ing.-Büro Simon - Cabling Concepts. *Halogenfreiheit*. URL: http://www.simon-cabcon.de/
    Downloads/Halogenfreiheit.pdf.

Klostermann, Paul. *Die Praxis der Warmbehandlung des Stahles*. Springer, 1943.

Macherauch, Eckard. *Praktikum in Werkstoffkunde*. Vieweg+Teubner Verlag, 1987.

Magin, Wolfgang und Emil Greven. *Werkstoffkunde und Werkstoffprüfung für technische
    Berufe*. 18. Auflage, Handwerk und Technik Verlag, 2013.

Menges, Georg u. a. *Menges Werkstoffkunde Kunststoffe*. 6. Auflage, Hanser Verlag München,
    2011.

Spektrum der Wissenschaft Verlagsgesellschaft mbH. *Rasterelektronenmikroskop*. 1998. URL:
    http://www.spektrum.de/lexikon/physik/rasterelektronenmikroskop/12077.

TU Ilmenau. *Ultraschallprüfung 1*. URL: https://www.tu-ilmenau.de/fileadmin/
    media/wt/Lehre/Praktikum/Interdisziplinaeres_Grundlagenpraktikum/_US1_
    _Ultraschallpruefung_1_v2015.pdf.

Weißbach, Wolfgang. *Werkstoffkunde und Werkstoffprüfung*. Springer-Verlag, 2004.

Wikipedia. *Metallografie — Wikipedia, Die freie Enzyklopädie*. [Online; 1998]. 1998. URL:
    https://de.wikipedia.org/w/index.php?title=Metallografie&oldid=168439501.

– *Stirnabschreckversuch — Wikipedia, Die freie Enzyklopädie*. [Online; Stand 29.08.2017].
    2015. URL: https://de.wikipedia.org/w/index.php?title=Stirnabschreckversuch&
    oldid=148647660.

BEI GRIN MACHT SICH IHR WISSEN BEZAHLT

- Wir veröffentlichen Ihre Hausarbeit, Bachelor- und Masterarbeit

- Ihr eigenes eBook und Buch - weltweit in allen wichtigen Shops

- Verdienen Sie an jedem Verkauf

Jetzt bei www.GRIN.com hochladen und kostenlos publizieren